essentials

Essentials liefern aktuelles Wissen in konzentrierter Form. Die Essenz dessen, worauf es als „State-of-the-Art" in der gegenwärtigen Fachdiskussion oder in der Praxis ankommt. Essentials informieren schnell, unkompliziert und verständlich.

- als Einführung in ein aktuelles Thema aus Ihrem Fachgebiet
- als Einstieg in ein für Sie noch unbekanntes Themenfeld
- als Einblick, um zum Thema mitreden zu können.

Die Bücher in elektronischer und gedruckter Form bringen das Expertenwissen von Springer-Fachautoren kompakt zur Darstellung. Sie sind besonders für die Nutzung als eBook auf Tablet-PCs, eBook-Readern und Smartphones geeignet.

Essentials: Wissensbausteine aus Wirtschaft und Gesellschaft, Medizin, Psychologie und Gesundheitsberufen, Technik und Naturwissenschaften. Von renommierten Autoren der Verlagsmarken Springer Gabler, Springer VS, Springer Medizin, Springer Spektrum, Springer Vieweg und Springer Psychologie.

Bernd Schröder

Technisches Zeichnen für Ingenieure

Ein Überblick

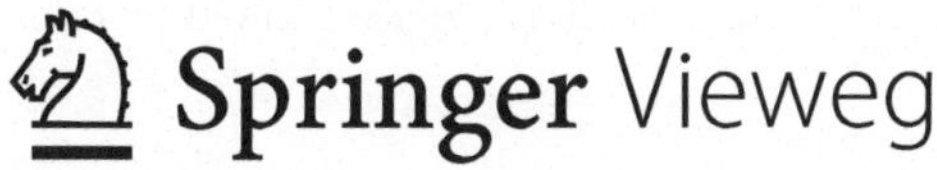

Dr.-Ing. Bernd Schröder
Aalen
Deutschland

ISSN 2197-6708
ISBN 978-3-658-07060-1
DOI 10.1007/978-3-658-07061-8

ISSN 2197-6716 (electronic)
ISBN 978-3-658-07061-8 (eBook)

Die Deutsche Nationalbibliothek verzeichnet diese Publikation in der Deutschen Nationalbibliografie; detaillierte bibliografische Daten sind im Internet über http://dnb.d-nb.de abrufbar.

Springer Vieweg

Gedruckt auf säurefreiem und chlorfrei gebleichtem Papier

Springer Vieweg ist eine Marke von Springer DE. Springer DE ist Teil der Fachverlagsgruppe Springer Science+Business Media
www.springer-vieweg.de

Was Sie in diesem Essential finden können

- Normen für Technisches Zeichnen
- Zeichnungsformate
- Maßstäbe
- Zeichnungs-Ansichten
- Linienarten
- Zeichnungs-Darstellungen
- Symbole für Baumaterialien
- Bauelemente
- Werkzeugbauliches Zeichnen

Vorwort

Dieses Werk ist ein Auszug aus „Springer Ingenieurtabellen“ von Ekbert Hering und Bernd Schröder. Dieses Buch hat sich mit seinen Praxis-Tabellen als Ergänzung zu „Hütte Das Ingenieurwissen“ bewährt. Das Werk wendet sich an Studierende und Ingenieure.

Die technische Zeichnung ist die Kommunikationsgrundlage zwischen Konstruktion und Fertigung. Daher muss sie alle relevanten Informationen enthalten, um ein technisches System entsprechend der späteren Verwendung sachdienlich erstellen zu können. Hierzu wurde ein umfangreiches Normenwerk erstellt, das Formate, Maßstäbe und Ansichten festlegt, aber auch Linien und Darstellungen behandelt.

Im Baugewerbe werden zusätzlich die verwendeten Baumaterialien durch entsprechende Darstellungen festgelegt, für einzelne Bauelemente haben sich eigene Darstellungen etabliert.

Inhaltsverzeichnis

1 Einleitung

Für maschinenbauliche und bautechnische Objekte dienen Zeichnungen geeigneter Größe zur Verdeutlichung und Festlegung. Diese Zeichnungen müssen von den Fachleuten zweifelfrei interpretiert werden können. Hierfür hat sich ein umfangreiches Normenwerk etabliert, in welchem Grundnormen und Zeichnungsarten vereinbart sind. Formate, Maßstäbe und Ansichten sind definiert, ebenso wie Linien und Darstellungen (Linienarten, Buchstaben, Ziffern und Schrift). Schraffur und Bemaßung sind ebenfalls geregelt. Für bautechnische Zeichnungen ist die Darstellung von Baumaterialien wichtig, aber auch Bauelemente, wie z. B. Balkenlage und Böden, Kanäle, Aufzüge, Treppen, Kücheneinrichtung, Sanitär, Brandschutz, Installationen, Mauerdurchbrüche, Schränke und Möbel.

Das werkzeugbauliche Zeichnen definiert die technischen Oberflächen und Rauheitsbezeichnungen, Grenzmaße und Passungen. Auch Schweißbezeichnungen gehören dazu, oder Muster von Bearbeitungsspuren. Für technische Systeme sind Stücklisten zu erstellen und gegebenenfalls ein Sachnummernsystem anzulegen. Form- und Lagetoleranzen sichern die geometrische Genauigkeit des zu fertigenden Bauteils.

B. Schröder, *Technisches Zeichnen für Ingenieure,* essentials,
DOI 10.1007/978-3-658-07061-8_1

Technisches Zeichnen 2

Anmerkung Alle Maße in mm, soweit nicht anders angegeben.

Normenwerk

Überbetriebliche Normen

Nach DIN 820 ist Normung die planmäßige, von interessierten Kreisen gemeinschaftlich durchgeführte Vereinheitlichung materieller und immaterieller Gegenstände zum Nutzen der Allgemeinheit.

Normen-*Herkunft*: DIN-Normen des DIN (Deutsches Institut für Normung) einschließlich der VDE-Bestimmungen, europäische Normen (EN-Normen) von CEN (Comité Européen de Normalisation) und CENELEC (Comité Européen de Normalisation Electrotechnique), Empfehlungen der IEC (International Electrotechnical Commission) und Empfehlungen, neuerdings auch Weltnormen, der ISO (International Organization for Standardization), sowie VDI-Richtlinien.

Nach dem *Inhalt* werden folgende Gebiete von der Normung erfasst: Verständigen, Sortieren, Typisieren, Planen, Maße, Stoffe, Qualität, Verfahren, Gebrauchstauglichkeit, Prüfen, Liefern und Sicherheit.

Nach der *Reichweite* unterscheidet man Grundnormen (Normen von allgemeiner, grundlegender und fachübergreifender Bedeutung) und Fachnormen (Normen für ein bestimmtes Fachgebiet).

Der *Grad* einer Norm wird hinsichtlich Breite, Tiefe und Umfang bestimmt.

Neben den nationalen und internationalen Normen bestehen weitere überbetriebliche *Vorschriften* und *Richtlinien* (vgl. DIN-Katalog):

B. Schröder, *Technisches Zeichnen für Ingenieure,* essentials,
DOI 10.1007/978-3-658-07061-8_2

- VDE-Bestimmungen des Verbands Deutscher Elektrotechniker, die jetzt auch als DIN-Normen gelten.
- Vorschriften der Vereinigung der Technischen Überwachungsvereine, z. B. AD-Merkblätter (Arbeitsgemeinschaft Druckbehälter), die ebenfalls Normcharakter haben.
- VDI-Richtlinien des Vereins Deutscher Ingenieure.

Innerbetriebliche Normen Zur Erleichterung und Rationalisierung der Konstruktion und der Fertigung werden innerbetriebliche Normen aufgestellt.

Innerbetriebliche Normen können erfassen: Normen-Zusammenstellungen als Auswahl aus überbetrieblichen Normen bzw. *Beschränkungen* nach firmenspezifischen Gesichtspunkten; Kataloge, Listen und Informationsschriften über *Fremderzeugnisse*; Kataloge oder Listen über *Eigenteile*; Informationsblätter zur technisch-wirtschaftlichen *Optimierung* (z. B. über Fertigungsmittel, Fertigungsverfahren, Kostenvergleiche); Vorschriften oder Richtlinien zur *Berechnung* und *Gestaltung* von Bauelementen, Baugruppen, Maschinen und Anlagen; Informationsblätter über *Lager-* und *Transportmittel*; Festlegung zur *Qualitätssicherung* (z. B. Fertigungsvorschriften, Prüfanweisungen), Vorschriften und Richtlinien für das *Zeichnungs-* und *Stücklistenwesen*, für die Nummerungstechnik und die elektronische Datenverarbeitung.

Normenanwendung Eine absolute *Verbindlichkeit* von Normen im juristischen Sinn gibt es nicht.

Je nach Fachgebiet ist in Normen- und Richtlinienverzeichnissen nach zutreffenden Normen bzw. Richtlinien, insbesondere nach *Sicherheitsnormen* (DIN 31000/VDE 1000), zu suchen. *Normzahlen* und *Normzahlreihen* zur Größenstufung und Typisierung, vor allem bei Baureihen- und Baukastenentwicklungen, sind möglichst anzuwenden.

Grundnormen
Grundnormen sind von allgemeiner, grundlegender Bedeutung.

Zeichnungsarten
DIN 199 unterscheidet technische Zeichnungen nach Art ihrer Darstellung, Art ihrer Anfertigung, ihrem Inhalt und ihrem Zweck.

Hinsichtlich der *Darstellung* wird unterschieden zwischen Skizzen, maßstäblichen Zeichnungen, Maßbildern, Plänen und sonstigen grafischen Darstellungen.

Hinsichtlich der *Anfertigungsart* unterscheidet man zwischen Original- oder Stamm-Zeichnungen als Grundlage für Vervielfältigungen sowie Vordruck-Zeichnungen, die oft unmaßstäblich sind.

Hinsichtlich des *Inhalts* gibt es viele Unterscheidungsmöglichkeiten.

Beim Erarbeiten der Fertigungsunterlagen interessiert die geeignete *Struktur* eines Zeichnungssatzes.

2.1 Formate, Maßstäbe, Ansichten

Formate

Zeichnungsformate sind in DIN 6771, Teil 2 festgelegt.

Meistens werden die Zeichnungen den *A-Formaten* angepasst (siehe Tab. 2.1). Hierbei besteht ein festes Verhältnis zwischen Länge und Breite, nämlich $\sqrt{2}:1$, wobei die Oberfläche des folgenden Formats stets die Hälfte des vorhergehenden ist. Mit anderen Worten: Für das folgende Format wird stets das Längenmaß halbiert.

Linienbreiten und *Schrifthöhen* sind den Bedürfnissen der Mikroverfilmung angepasst und folgen in ihrem Stufensprung ebenfalls $\sqrt{2}$.

Anmerkung Im Gegensatz zu A-Formaten kann bei *Z-Formaten* durch das Nichteinhalten eines festen Verhältnisses zwischen Breite und Länge durch fotografisches Verkleinern kein vorangehendes kleineres Z-Format erhalten werden (siehe Tab. 2.2).

Tab. 2.1 Bezeichnung und nominelle Abmessungen von **A-Formaten**

Format	A0	A1	A2	A3	A4	A5	A6
Fläche	$1 m^2$	$^1/_2\ m^2$	$^1/_4\ m^2$	$^1/_8\ m^2$	$^1/_{16}\ m^2$	$^1/_{32}\ m^2$	$^1/_{64}\ m^2$
Beschnittene Zeichnung	841 x 1189	594 x 841	420 x 594	297 x 420	210 x 297	148 x 210	105 x 148
Unbeschnittene Zeichnung	880 x 1230	625 x 880	450 x 625	330 x 450	240 x 330	165 x 240	120 x 165

Tab. 2.2 Bezeichnung und nominelle Abmessungen von **Z-Formaten**

Lange (einfache) Z-Formate		Zusammengesetzte Z-Formate	
Bezeichnung	Nominelle Abmessungen	Bezeichnung	Nominelle Abmessungen
1Z	297 x 210[a]	2x2Z	549 x 390
2Z	297 x 390	2x3Z	549 x 570
3Z	297 x 570	2x5Z	549 x 930
4Z	297 x 750	3x3Z	811 x 570
5Z	297 x 930	3x5Z	811 x 930
7Z	297 x 1.290		
9Z	297 x 1.650		
usw.			

[a] Die Abmessungen dieses Formates stimmen mit den Abmessungen des A4-Formates überein

Tab. 2.3 Nominelle Abmessungen **B-Formate**

Format	Abmessungen	Format	Abmessungen
B0	1.000 x 1.414	B3	353 x 500
B1	707 x 1.000	B4	250 x 353
B2	500 x 707	B5	176 x 250

Tab. 2.4 Maßstäbe für technische Zeichnungen

Benennung				
Maßstäbe für Vergrößerungen	2:1		5:1	10:1
Wahre Größe			1:1	
Maßstäbe für Verkleinerungen	1:2	1:2,5	1:5	1:10
	1:20	1:25	1:50	1:100
	1:200		1:500	1:1000
	1:2000		1:5000	1:10.000

Eine ebenfalls genormte Reihe für Papierformate ist die *B-Reihe*, die eher *nicht* für technisches Zeichenpapier verwendet wird (siehe Tab. 2.3).

Falten von Zeichnungen Technische Zeichnungen werden Zick-Zack gefaltet, so dass ein A4-Format entsteht, mit dem Schriftfeld sichtbar auf der Vorderseite. Siehe ferner DIN 824.

Maßstäbe

DIN ISO 5455 schreibt die zu verwendenden Maßstäbe vor (siehe Tab. 2.4).

Der Maßstab einer Zeichnung wird im Schriftfeld angegeben, das sich in der rechten unteren Ecke der Zeichnung befindet. Bei Anwendung verschiedener Maßstäbe auf einer Zeichnung wird nur der Hauptmaßstab im Schriftfeld angegeben und die hiervon abweichenden Maßstäbe bei der Teilenummer oder bei der Benennung einer Einzelheit. Wenn eine Zeichnung auf ein kleineres Format reproduziert wird, z. B. auf fotografischem Weg, soll der Hauptmaßstab aus einer gezeichneten Maßstablinie ersichtlich sein:

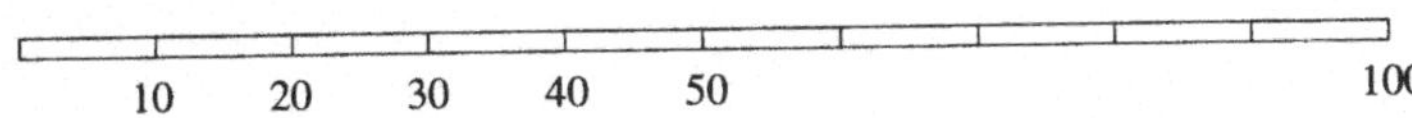

Bei einem vergrößert gezeichneten Werkstück dient es der besseren Information, eine Abbildung in wahrer Größe hinzuzufügen. Die Umrisslinien des Produkts, rechts unter der Zeichnung platziert, sind hierfür ausreichend.

Ansichten

Ansichten und Schnitte werden gewöhnlich in *Normalprojektion* angeordnet.

Benennung der Ansichten

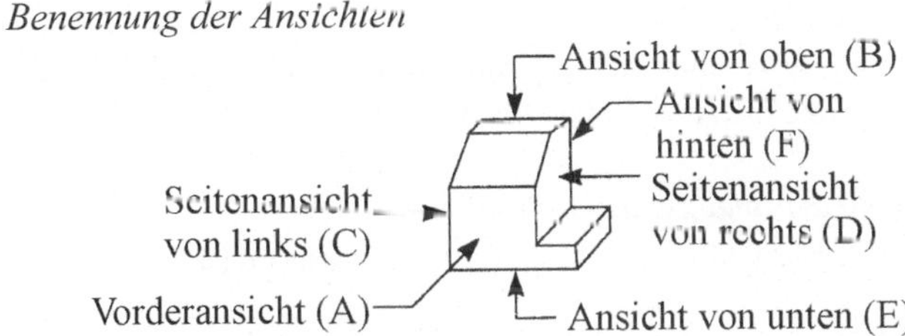

Die Gegenstände sind in Gesamt-Zeichnungen und Gruppen-Zeichnungen in der *Gebrauchslage*, in Einzelteil-Zeichnungen bevorzugt in der *Fertigungslage* darzustellen. Die Ansichten werden aus Richtungen gesehen, die hierzu Winkel von 90° oder Vielfache von 90° ausmachen.

Schnitte machen Zeichnungen übersichtlicher (Wegfall vieler unsichtbarer Kanten) und sind bei zylindrischen Hohlkörpern stets anzuwenden (sichtbare, umlaufende Kanten nicht vergessen).

Das *Klappen* einfacher Querschnittsdarstellungen in die Zeichenebene senkt die Zahl notwendiger Ansichten.

Oft vorkommende Teile werden nur einmal gezeichnet. *Unsichtbare Kanten* nur zeichnen, wenn dadurch Unklarheiten und einfache zusätzliche Darstellungen vermieden werden können.

Die *Bemaßung* ist eindeutig und übersichtlich vorzunehmen.

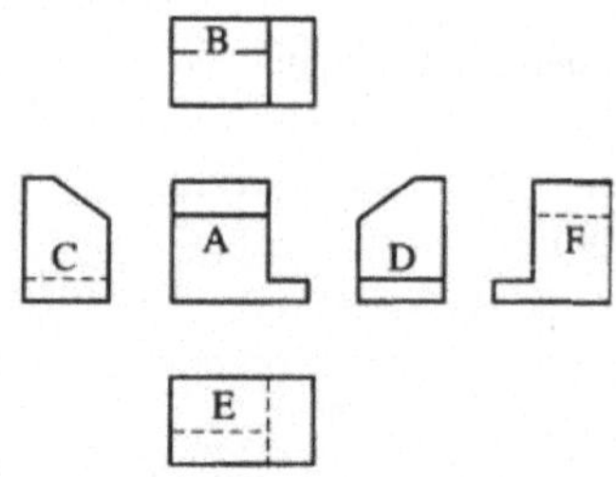

Platzierung gemäß der amerikanischen Projektion Die Platzierung der Ansichten ist wie folgt: Die Seitenansicht von links (C) wird links der Vorderansicht (A) platziert, die Seitenansicht von rechts (D) rechts, die Ansicht von oben (B) oben, die Ansicht von unten (E) unten und die Ansicht von hinten (F) kann rechts von (D) oder links von (C) platziert werden.

Europäische Projektion Die Platzierung der Ansichten ist wie folgt: Die Seitenansicht von links (C) rechts, die Seitenansicht von rechts (D) links, die Ansicht von unten (E) oben und die Ansicht von oben (B) unten.

Kennzeichnung der angewendeten Projektion

Amerikanische Projektion

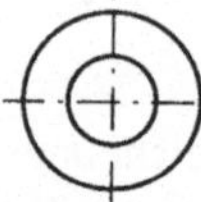

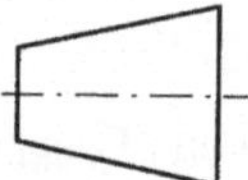

Europäische Projektion

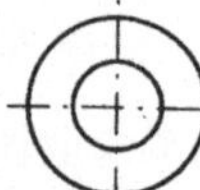

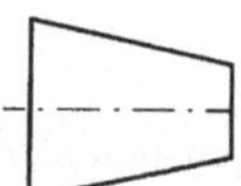

2.2 Linien und Darstellungen

Linienarten, Buchstaben, Ziffern und Schrift

Die Linienarten sind für bestimmte Anwendungen vorgesehen (siehe Tab. 2.5).

Linienbreiten Es ist eine Reihe Linienbreiten entwickelt, deren wichtigsten sind:

0,13 0,18 0,25 0,35 0,5 0,7 1,0 1,4 2,0

Tab. 2.5 Linienarten und Linienbreiten

Linienart	Beschreibung	Anwendung
———————	Volllinie, breit	1 Sichtbare Kanten
		2 Sichtbare Umrisse
		3 Gewindespitzen
		4 Grenze der nutzbaren Gewindelänge
		5 Hauptdarstellungen in Diagrammen, Karten, Fließbildern
		6 Systemlinien (Metallbau-Konstruktionen)
		7 Formteilungslinien in Ansichten
		8 Schnittpfeillinien
———————	Volllinie, schmal	1 Lichtkanten bei Durchdringungen
		2 Maßlinien
		3 Maßhilfslinien
		4 Hinweis- und Bezugslinien
		5 Schraffuren
		6 Umrisse eingeklappter Schnitte
		7 Kurze Mittellinien
		8 Gewindegrund
		9 Maßlinienbegrenzungen
		10 Diagonalkreuze zur Kennzeichnung ebener Flächen
		11 Biegelinien an Roh- und bearbeiteten Teilen
		12 Umrahmungen von Einzelheiten
		13 Kennzeichnung sich wiederholender Einzelheiten
		14 Zuordnungslinien an konischen Formelementen
		15 Lagerichtung von Schichtungen
		16 Projektionslinien
		17 Rasterlinien
— — — — — —	Strichlinie, breit	1 Kennzeichnung von Bereichern mit zulässiger Oberflächenbehandlung
— — — — — —	Strichlinie, schmal	1 Verdeckte Kanten
		2 Verdeckte Umrisse
—.—.—.—.—.—	Strich-Punktlinie (langer Strich), breit	1 Kennzeichnung von Bereichen mit (begrenzter) geforderter Oberflächenbehandlung, z. B. Wärmebehandlung
		2 Kennzeichnung von Schnittebenen
—.—.—.—.—.—	Strich-Punktlinie (langer Strich), schmal	1 Mittellinien
		2 Symmetrielinien
		3 Teilkreise von Verzahnungen
		4 Lochkreise

Tab. 2.5 (Fortsetzung)

Linienart	Beschreibung	Anwendung
—··——··—	Strich-Zweipunktlinie (langer Strich), schmal	1 Umrisse benachbarter Teile
		2 Endstellungen beweglicher Teile
		3 Schwerlinien
		4 Umrisse vor der Formgebung
		5 Teile vor der Schnittebene
		6 Umrisse alternativer Ausführungen
		7 Umrisse von Fertigteilen in Rohteilen
		8 Umrahmungen besonderer Bereiche oder Felder
		9 Projizierte Toleranzzone

Die Dicke der Linienarten wird in Übereinstimmung mit der Größe und der Art der Zeichnung bestimmt (siehe Tab. 2.6). Für alle Ansichten eines Werkstücks vom selben Maßstab wird die Breite jeder Linienart gleich gehalten.

Gebräuchliche Linienbreiten-Kombinationen

Breit	0,35	*0,5*	0,7
Schmal	0,18	*0,25*	0,35

Schriftarten

- *Schmale Schrift* (Typ A) mit Linienbreite 1/14 *h*, besonders geeignet für Reproduktion auf Mikrofilm
- *Gewöhnliche Schrift* (Typ B) mit Linienbreite 1/10 *h*
- *Schräge Schrift* kann auch verwendet werden (75° rechtsneigend)

Tab. 2.6 Schriftgrößen und zugehörige Linienbreiten[a]

Schriftgröße (*h*)		2,5	3,5	5	7	10	14	20
Linienbreite (*d*)	(1/14 *h*)	0,18	0,25	0,35	0,5	0,7	1	1,4
	(1/10 *h*)	0,25	0,35	0,5	0,7	1	1,4	2

[a] Beim Gebrauch von Schablonen muss auf die richtige Kombination von Schriftgröße und Linienbreite (zugehörige Federgröße) geachtet werden. Meistens sind Schablonen für eine Linienbreite von 0,1 *h* eingerichtet. Somit bei einer Schriftgröße von 3,5 mm eine Liniendicke von 0,35 mm

Tab. 2.7 Verhältnis große/kleine Buchstaben und Abstände voneinander

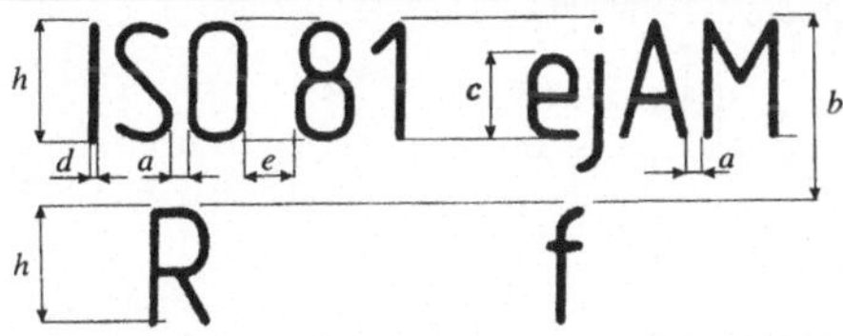

Höhen und Abstände	schmale Schrift (Typ A) h	gewöhnliche Schrift (Typ B) h
Höhe der Großbuchstaben (h)	14/14	10/10
Höhe der Kleinbuchstaben (c)	10/14	7/10
Mindestabstand zwischen Schriftzeichen (a)	2/14	2/10
Mindestabstand zwischen Grundlinien (b)	22/14	16/10
Mindestabstand zwischen Wörtern (e)	6/14	6/10

Für die Gestaltung der Buchstaben und der Schrift siehe Tab. 2.7.

Schraffur

Schraffurlinien bei metallischen Schnittflächen nur ±45° geneigt, Schraffurabstand angepasst an die Größe der Schnittfläche.

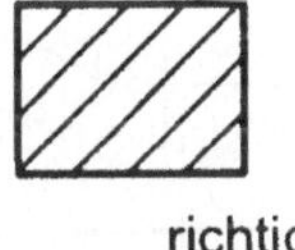

richtig

falsch

Bemaßung

Begriffe/DIN 406-10

Maßlinien werden

- bei Längenmaßen parallel zur zu bemaßenden Länge
- bei Winkelmaßen als Kreisbogen um den Scheitelpunkt des Winkels eingetragen

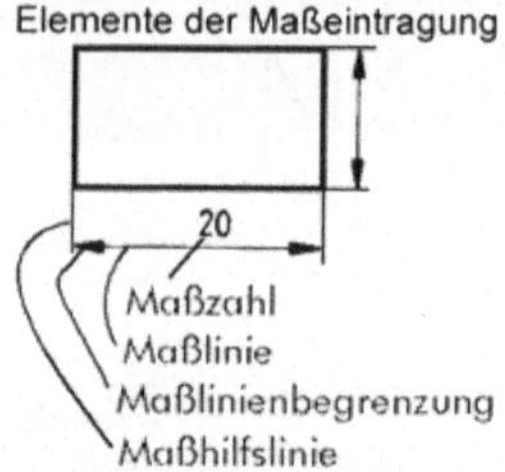

Maßlinien sollen sich untereinander und mit anderen Linien nicht schneiden. Ist dies unvermeidbar, dann werden die Maßlinien ohne Unterbrechung durchgezeichnet.

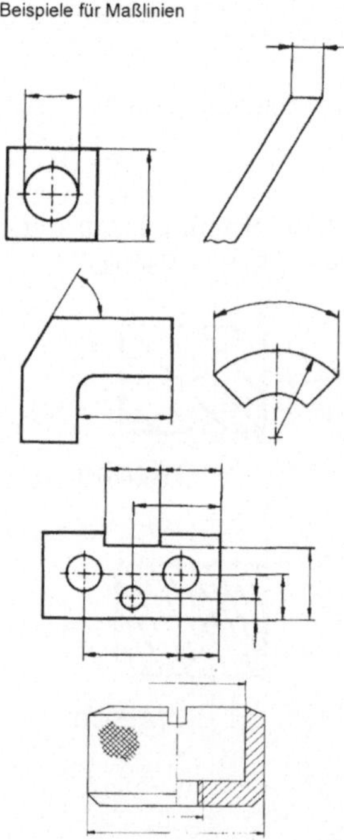

Maßlinien dürfen abgebrochen werden bei

- Halbschnitt rotationssymmetrischer Teile,
- der vereinfachten Darstellung symmetrischer Teile

Maßhilfslinien werden bei Längenmaßen rechtwinklig zur Messstrecke eingetragen.

Maßhilfslinien dürfen unterbrochen werden, wenn ihre Fortsetzung eindeutig erkennbar ist.

Maßhilfslinien dürfen nicht von einer Ansicht zu einer anderen gezeichnet werden und nicht parallel zu Schraffurlinien eingetragen werden.

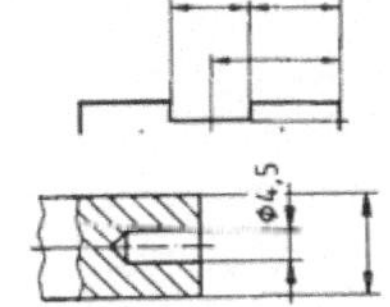

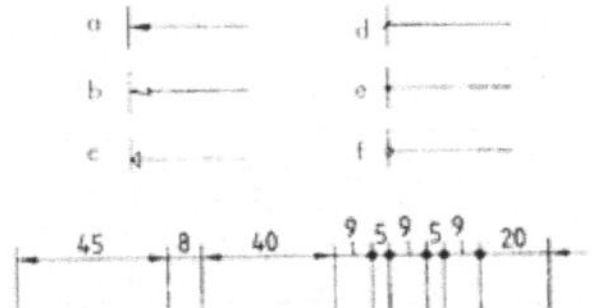

Maßlinienbegrenzung ist durch Pfeil, Schrägstrich oder Punkt möglich

In einer Zeichnung darf nur eine Art von Schrägstrichen oder Pfeilen in Kombination mit Punkten angewendet werden. Hilfslinien müssen senkrecht auf der Maßlinie stehen und über die Maßlinie hinaus durchgezogen werden.

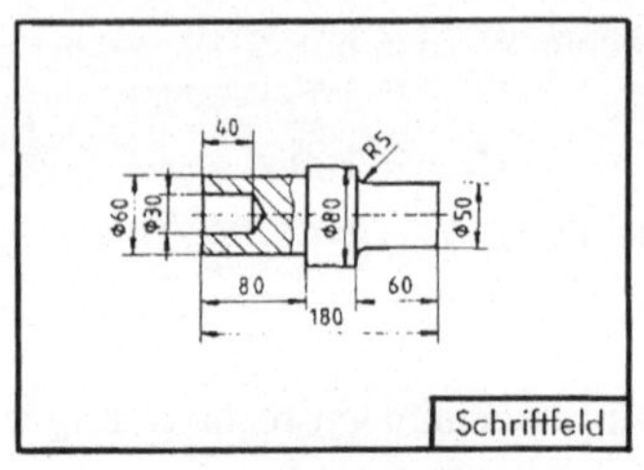
40
R5
Φ60
Φ30
Φ80
Φ50
80
60
180
Schriftfeld

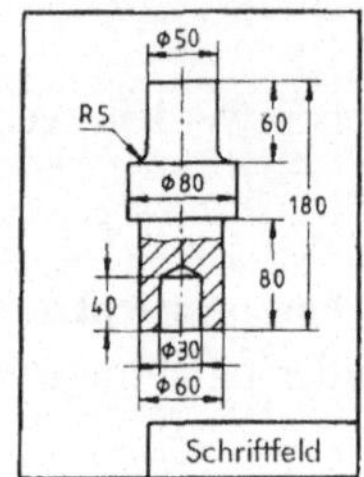
Φ50
R5
60
Φ80
180
80
40
Φ30
Φ60
Schriftfeld

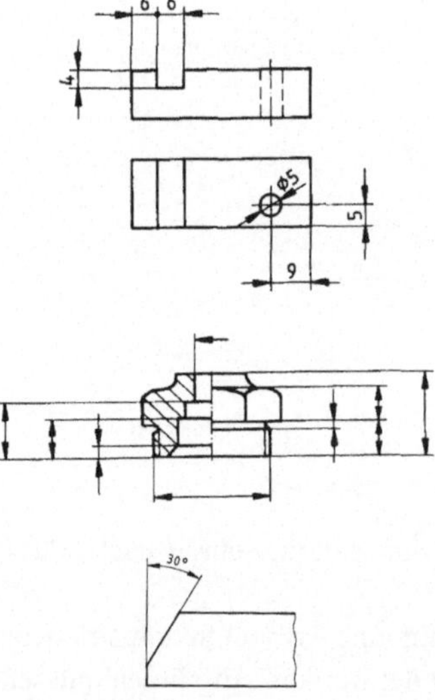
6
6
4
Φ5
5
9
30°

Methoden der Maßeintragung Methode 1: (bevorzugt anzuwenden)

Die Maßzahlen werden so eingetragen, dass in Leselage (Zeichnungsvordruck) die Maße von unten und von rechts zu lesen sind. Dabei werden die Maßzahlen möglichst mittig über die Maßlinie gezeichnet.

Methode 2:

Die Maßzahlen werden alle in Leselage des Schriftfeldes eingetragen. Nicht horizontale Maßlinien werden zum Eintragen der Maßzahl möglichst mittig unterbrochen.

Anordnung von Maßen

- In der Ansicht bemaßen, in der das Element am Besten erkennbar ist.
- Zusammengehörige Maße möglichst in einer Ansicht

Maße für Innen- und Außenformen getrennt anordnen. Jedes Maß nur einmal eintragen.

Bei einer Winkelbemaßung stellen die Maßhilfslinien die Verlängerung der Schenkel das zu bemaßenden Winkels dar. Die Maßlinie wird als Kreisbogen zwischen den beiden Maßhilfslinien gezeichnet. Die Maßzahl wird durch ein Gradzeichen (°) ergänzt.

Bemaßung von Formelementen

Durchmesser

Das graphische Symbol ∅ wird in jedem Fall vor die Maßzahl gesetzt.

Radien

Radiusangaben werden stets mit dem Buchstaben „R“ versehen, der vor der Maßzahl steht.

Die Maßlinie sind vom Radiusmittelpunkt oder aus dessen Richtung zu zeichnen und nur am Kreisbogen mit einem Maßpfeil innerhalb oder außerhalb der Darstellung zu begrenzen.

Kugel

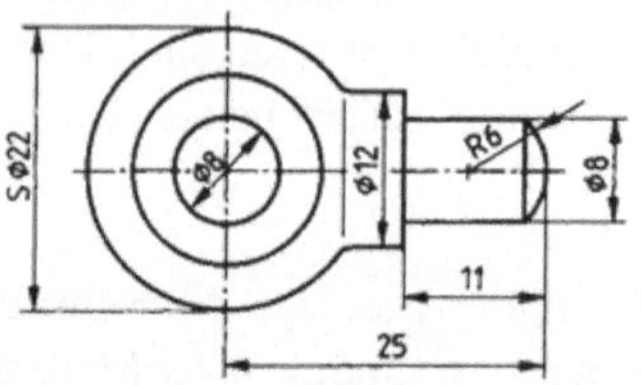

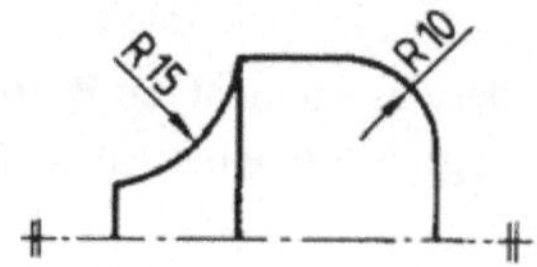

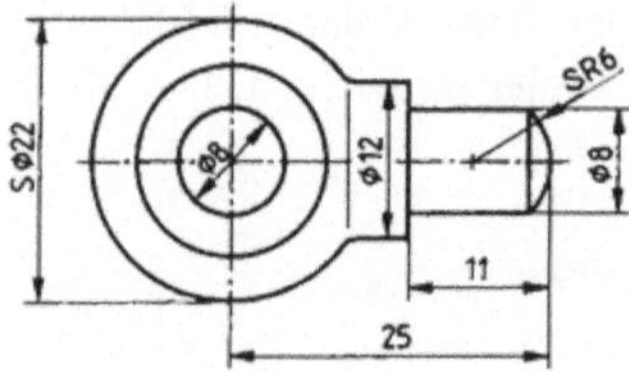

Kugelbemaßungen haben stets vor dem Durchmesser oder dem Radiuszeichen den Buchstaben „S“ (sphärisch – kugelförmig).

Quadratische Formen

Ein weiteres Zeichen zur Kennzeichnung nicht erkennbarer Formen ist das Quadratzeichen. Dieses Zeichen ist nur dann anzuwenden, wenn die quadratische Form in der bemaßten Ansicht nicht erkennbar ist.

Schlüsselweiten

Soll, anstatt der quadratischen Form nur der Abstand von zwei parallelen und symmetrisch gegenüberliegenden Flächen bemaßt werden, dann muss anstelle des Quadratzeichens das Kurzzeichen für die Schlüsselweite SW angegeben werden.

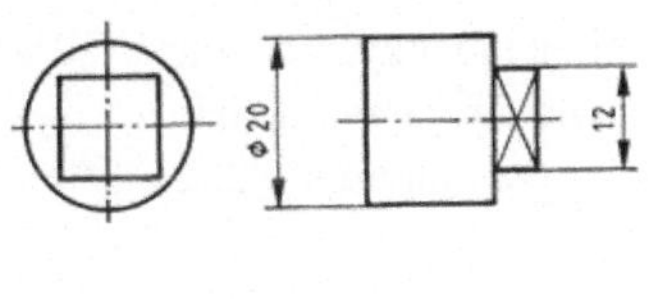

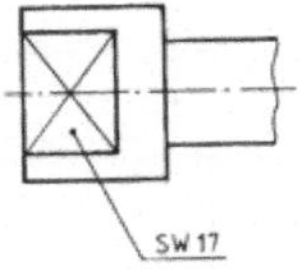

Fasen und Senkungen

Bei der gebräuchlichsten Form der Fase mit einem Winkel von 45° kann die Maßangabe vereinfacht werden. Bei der vereinfachten Angabe wird dir Winkelangabe (45°) mit einem Malzeichen hinter der Maßzahl der Fasenbreite geschrieben.

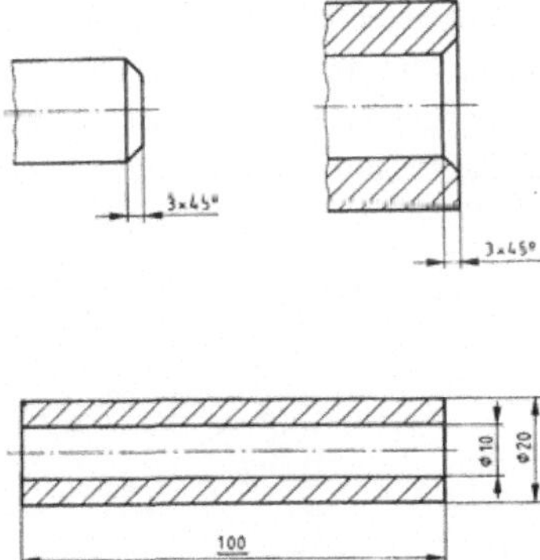

Unmaßstäbliche Maße

In Ausnahmefällen kann ein nicht maßstäblich dargestelltes Maß durch unterstreichen der Maßzahl kenntlich gemacht werden.

Gewinde

Gewinde werden durch Kurzzeichen näher gekennzeichnet.

Das übliche Metrische ISO-Gewinde erkennt man an dem Kurzzeichen M für die Gewindeart vor der Maßzahl. Die Maßzahl gibt an, welchen Nenndurchmesser in mm das Gewinde hat. Maßzahl und Kurzzeichen werden nicht mit einem Durchmesserzeichen ∅ versehen, obwohl die zylindrische Form des Gewindes nicht erkennbar ist.

Ein dem Gewinde anschließender zylindrischer Teil wird nicht bemaßt, wenn er den gleichen Durchmesser wie das Gewinde hat.

Gängige Abkürzungen für Gewinde DIN 202

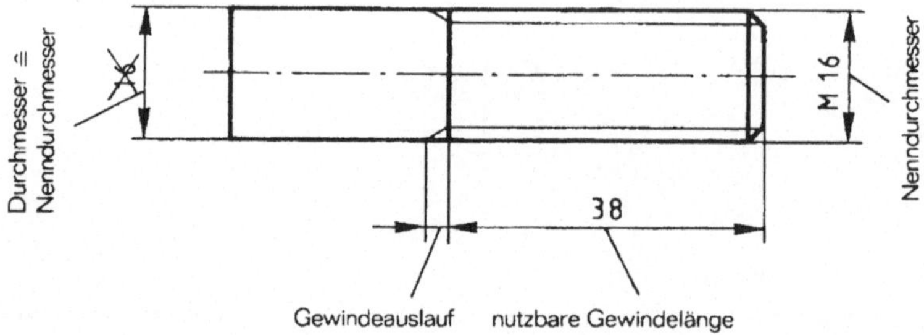

Wiederholende Formelemente

Bauteile mit gleichen Formelementen die in periodischen Abständen angebracht sind, kann vereinfacht vermaßt werden. Dabei muss die Anzahl der Formelemente dargestellt oder angegeben werden. Zusätzlich zum Teilungs- bzw. Winkelteilungsmaß muss noch das Produkt in Klammer (Hilfsmaß) angegeben werden.

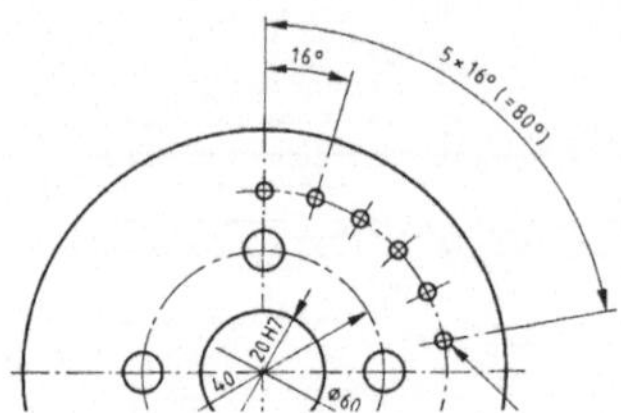

Symmetrische Teile

Bei symmetrischen Formen werden die Maß nur einmal bemaßt. Die Symmetrie wird durch zwei kurze, parallele schmale Volllinien angezeigt.

Beschichtete Teile

Bei beschichteten Teilen dürfen Maße vor und nach der Beschichtung in einer Zeichnung angegeben werden.

Messstellen

Kennzeichnet den Ort, an dem eine bestimmte Messung durchgeführt werden muss. Das Symbol ist ein geschlossener, nicht geschwärzter Pfeil.

Hinweislinien

Hinweislinien werden vorwiegend dann angewendet, wenn aus Platzmangel die Maßzahl nicht direkt über der Maßlinie eingetragen werden kann. In diesem Fall wird die Maßzahl durch eine Hinweislinie mit der Maßlinie verbunden.

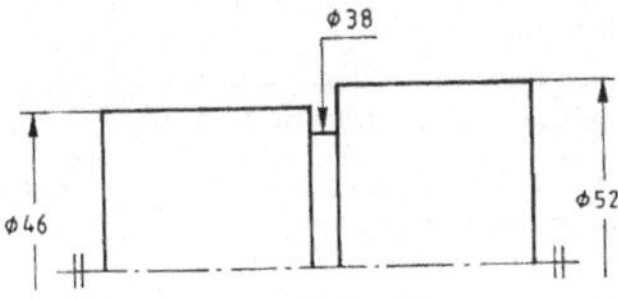

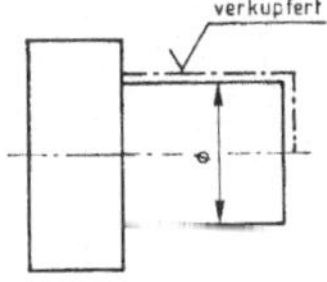

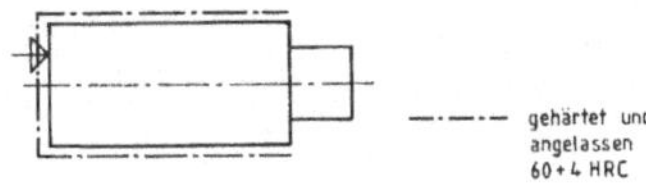

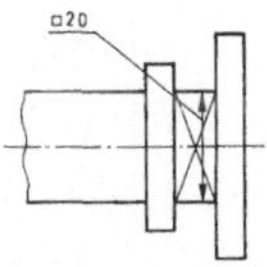

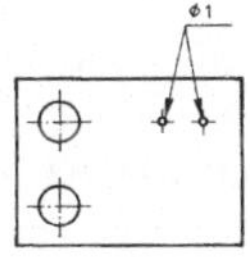

Besondere Maße/Zusammenfassung

Beispiel	Bedeutung	Festlegungen über Form und Größe der Angaben
⌀50	Durchmesser, z. B. 50	DIN 6776 Teil 1
□50	Quadrat, z. B. 50	
R50	Radius, z. B. 50	
S⌀50	Kugel-Durchmesser (Spherical diameter), z. B. 50	
SR50	Kugel-Radius (Spherical radius), z. B. 50	
SW 13	Schlüsselweite, z. B. 13	
t=2	Dicke (thickness), z. B. 2	
h=5	Tiefe oder Höhe, z. B. 5	
[50] (eingerahmt)	Theoretisch genaues Maß, z. B. 50	DIN ISO 7083
(50)	Hilfsmaß, z. B. 50	DIN 6776 Teil 1
(50±0,02)	Prüfmaß, z. B. 50 ± 0,02	DIN 406 Teil 10
[50]	Rohmaß oder Vorbearbeitungsmaß, z. B. 50	DIN 6776 Teil 1
⌒50	Bogenmaß z. B. 50	DIN 406 Teil 10 und DIN ISO 7083/08.91, Bild 5
123,456 (überstrichen)	Bogenmaß z. B. 123, 456	–
50 1) (unterstrichen)	Nicht maßstäbliches Maß, z. B. 50	–
▷ 1:10	Kegelverjüngung, z. B. 1 : 10	DIN ISO 3040 und DIN 406 Teil 10
◺ 14%	Neigung, z. B. 14 %	DIN 406 Teil 10
⊸ 98	Gestreckte Länge (Abwicklung), z. B. 98	DIN 406 Teil 10

1) Möglichst vermeiden

2.3 Baumaterialien

Baumaterialien werden je nach ihrer Beschaffenheit im Querschnitt durch spezifische Muster gekennzeichnet (Tab. 2.8, 2.9, 2.10 und 2.11).

Tab. 2.8 Symbole für steinartige Baumaterialien

Beschreibung	Darstellung Querschnitt
Beton, bewehrt	
Beton, unbewehrt	
Porenbeton, bewehrt (nicht genormt)	
Leichtbeton	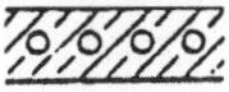
Bimsbeton	
WU-Beton	
Betonfertigteile	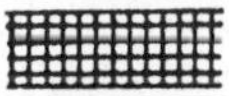
Mauerwerk, Ziegel	
Mauerwerk, erhöhte Festigkeit	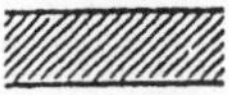
Mauerwerk, Leichtziegel	
Mauerwerk, Bimsbaustoffe	
Gipsplatte	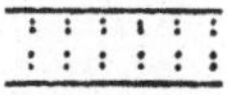
Putz, Mörtel	

Tab. 2.9 Symbole für Holzmaterialien

Beschreibung	Darstellung Querschnitt
Nadelholz	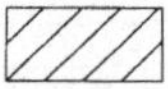
Laubholz	
Nadel- und Laubholz (Längsholz	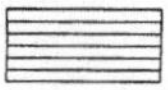
Leimnaht	
Verkleidungsplatte	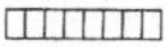

Tab. 2.10 Symbole für Metalle

Beschreibung	Darstellung Querschnitt
Stahl, alle Maßstäbe	
Stahl, Maßstab 1:5 und 1:1	
Aluminium, Bronze, Kupfer usw.	
Blei	
Zink	

Tab. 2.11 Symbole für verschiedene Materialien

Beschreibung	Darstellung Querschnitt
Kunststoff	
Abdichtungsmittel	
Bitumengewebe, Folie	
Wiese	
Sand	
Kies	
Wasser	
Glas	
Isolierplatte	

2.4 Bauelemente

Balkenlagen und Böden

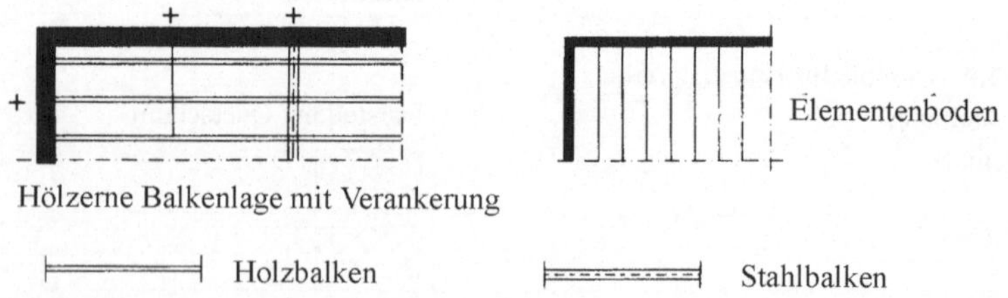

Kanäle

- Lüftungskanal
- Rauchkanal Gasabführkanal
- Kanal mit Darstellung einer Ausblasöffnung
- Kanal mit Darstellung einer Abzugsöffnung
- Leitungsschacht
- Müllschlucker

Aufzüge

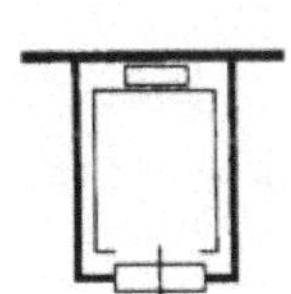

bei einem *Lastenaufzug* die zulässige Last in kg angeben

bei einem *Personenaufzug* die zulässige Personenzahl angeben

Treppen

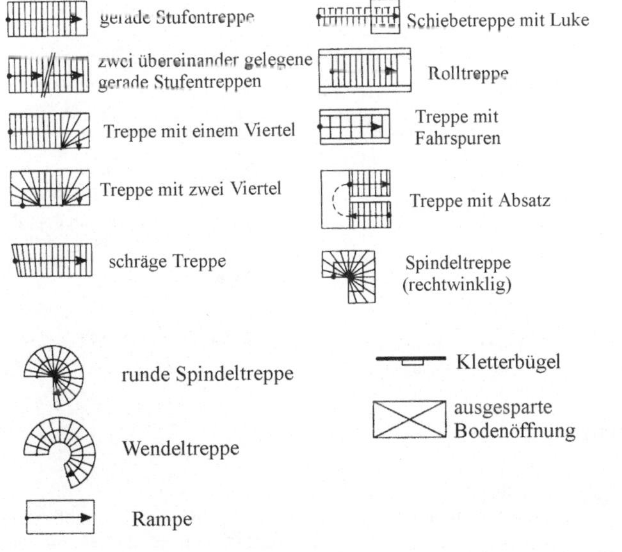

Kücheneinrichtung, Sanitär

- Arbeitsplatz mit einer Spüle
- Arbeitsplatz mit Doppelspüle
- Kochstelle
- kk Kühl- und Gefrierschrank
- wm Waschmaschine
- vm Geschirrspülmaschine
- Dusche
- Badewanne
- Sitzbadewanne
- Waschbecken

- Elektrischer Boiler
- Gasboiler
- Gasdurchlauferhitzer
- Handwaschbecken
- Klosett / Toilette
- Bidet
- Pissoir
- Behinderten-Klosett / Toilette
- Wasserhahn
- Waschtrog
- Ausgussbecken
- Waschsäule

Brandschutz

- ANV Räume mit allgemeiner Notbeleuchtung
- NNV Räume mit Nachtnotbeleuchtung
- RM Räume mit Rauchmelder
- TM Räume mit Differentialthermometer Maximalthermometer

Anzeigen

- Ausgang mit Beleuchtungspfeil
- D Ausgang mit doppeltem Beleuchtungspfeil
- U Ausgang
- NU Notausgang

Installationen

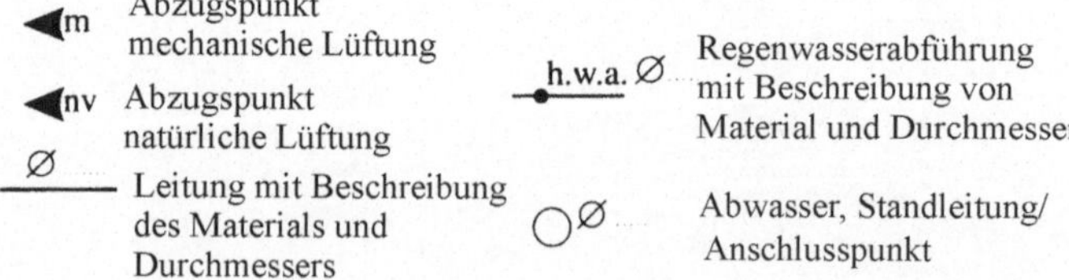

Mauerdurchbrüche

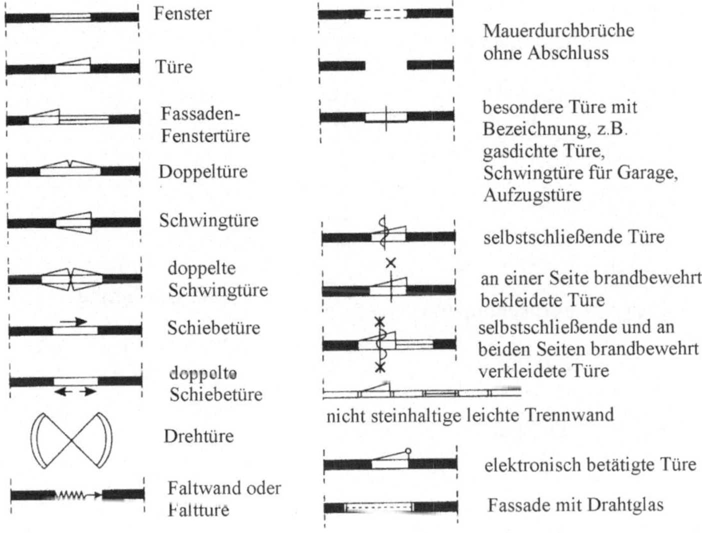

Schränke

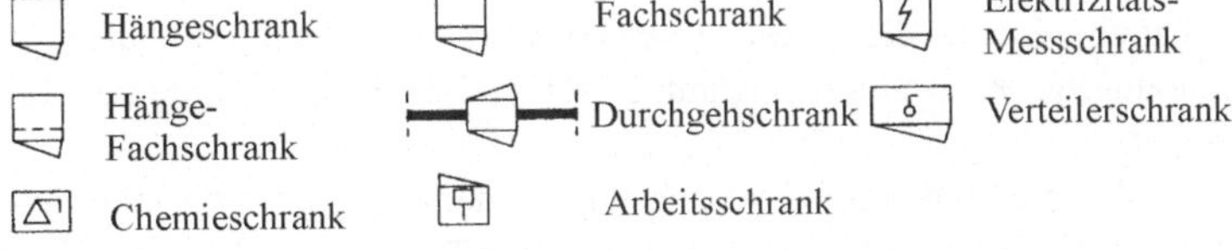

Möbel

	Tisch (rechteckig)		Sessel
	Tisch (rund)		Stuhl
	Büro		Schemel
	Schrank / Regal		Flügel
	Bank		Einzelbett
	Klavier		runde Garderobe
TV	Fernsehapparat		längliche einseitige Garderobe
	Telefon		längliche zweiseitige Garderobe
	Doppelbett		

2.5 Werkzeugbauliches Zeichnen

Technische Oberflächen

Grundbegriffe. Ein fester Körper wird gegenüber dem umgebenden Raum von seiner *wirklichen Oberfläche* begrenzt. Der geometrisch als vollkommen gedachte Körper hat eine ideale, die *geometrische Oberfläche*, die durch die geometrische Beschreibung, z. B. in einer Zeichnung oder in einem rechnerinternen Modell, definiert ist.

Rauheitskenngrößen werden ausgehend von der *Bezugsoberfläche* erfasst, die im Regelfall die Form der geometrischen Oberfläche hat und in ihrer Lage im Raum mit der Hauptrichtung der tatsächlichen Oberfläche übereinstimmt. Durch senkrechte Schnitte erhält man jeweils das *wirkliche* oder *geometrische Profil* bzw. *Bezugsprofil*. Letzteres wird durch die *Bezugslinie* repräsentiert, auf welche die Rauheitskenngrößen bezogen sind.

Nach DIN 4762 gilt: Die *Profilabweichung* y ist ein in Messrichtung ermittelter Abstand eines Profilpunkts von der Bezugslinie (Abb. 2.1). Die *Bezugslinie* ist die Linie des geometrischen Profils innerhalb einer Bezugsstrecke l, die das wirkliche Profil so durchschneidet, dass die Summe der Quadrate der Profilabweichung von dieser Linie ein Minimum wird: *Mittelinie m* der kleinsten Abweichungsquadrate des Profils, kurz „Mittellinie" genannt.

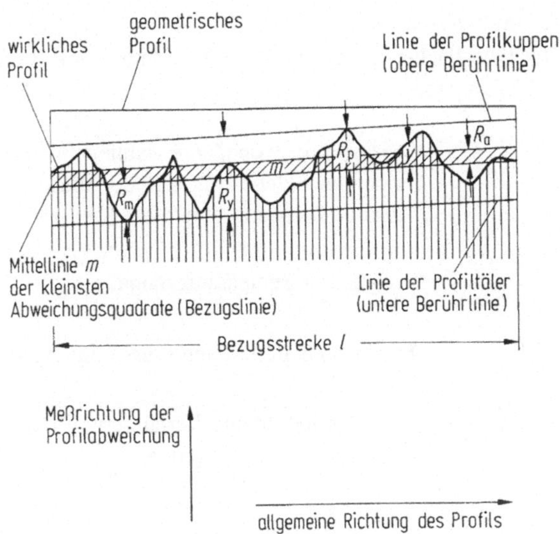

Abb. 2.1 Lage von geometrischem und wirklichem Profil sowie Rauheitskennwerte senkrecht zur Mittellinie *m*

Von der Mittellinie ausgehend werden folgende Senkrechtgrößen der Rauheit definiert:

- *Maximale Profilkuppenhöhe* R_p ist der Abstand des höchsten Punkts des Profils von der Mittellinie *m* innerhalb der Bezugsstrecke.
- *Maximale Profiltaltiefe* R_m ist der Abstand des tiefsten Punkts des Profils von der Mittellinie *m*.
- *Maximale Profilhöhe* R_y ist der Abstand zwischen der Linie der Profilkuppen (obere Berührlinie) und der Linie der Profiltäler (untere Berührlinie).
- *Arithmetischer Mittenrauwert* R_a ist der arithmetische Mittelwert der absoluten Werte der Profilabweichungen innerhalb der Bezugsstrecke.
- *Zehnpunkthöhe* R_Z (nach ISO) ist der Mittelwert der Absolutwerte der Höhen der fünf höchsten Profilkuppen und der Absolutwerte der Tiefen der fünf tiefsten Täler innerhalb der Bezugsstrecke.
- *Gemittelte Rautiefe* R_Z (nach DIN 4768) ist der Mittelwert der Rauheitskenngröße von fünf Bezugsstrecken innerhalb einer Auswertlänge.
- *Profiltraganteil* t_p ist das Verhältnis der tragenden Länge eines Profils zur Bezugsstrecke.

Festlegen der Rautiefe Die zulässige Rautiefe einer Oberfläche richtet sich nach der zu erfüllenden Funktion (Traganteil, Setzmaß, Reibungsverhalten, usw.; vgl. DIN 4764).

Rauheitsbezeichnung

Die Oberflächenzeichen und die Zuordnung von Rautiefen sind nach DIN ISO 1302 geregelt.

Basissymbol; wobei a = Rauheit in µm, die als maximale Rauheit derjenigen Fläche gilt, auf der dieses Symbol angegeben ist. Die Werkstatt bestimmt, wie diese Rauheit zustande kommt.

Material mit Zerspanungszugabe

Die angegebene Rauheit muss ohne Zerspanen erzeugt werden.

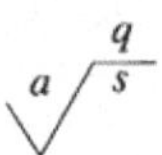

Auf der horizontalen Verlängerung des Symbols wird die Oberflächenbehandlung angegeben.

Bedeutung der Symbole:

q = Bearbeitungsmethode (z. B. hartverchromt)
a = maximale Rauheit, die durch die Bearbeitungsmethode q erreicht werden kann
s = Bezeichnung der Bearbeitungsbezugstrecke

Grenzmaße und Passungen

Toleranzen und Abmaße. Mit der Übernahme der internationalen Norm ISO 286 haben sich einige Begriffe gegenüber den bisherigen Normen DIN 7150 bis 7152, 7160, 7161, 7172, 7182 geändert; die Inhalte sind jedoch im wesentlichen bestehen geblieben.

Zur Größenangabe wird in einer Zeichnung das *Nennmaß* angegeben. Am Werkstück wird ein *Istmaß* messtechnisch erfasst, das je nach Anwendung innerhalb einer *Maßtoleranz*, nämlich zwischen den Grenzmaßen, einem vorgegebenen *Höchstmaß* und einem *Mindestmaß*, liegen darf.

Maßtoleranz ist die Differenz zwischen dem zulässigen Höchst- und Mindestmaß. Die *Größe* einer Maßtoleranz wird von den *Grundtoleranzen* (IT = Internationale Toleranz, IT 1 bis IT 18) bestimmt, die einerseits nach *Nennmaßbereichen* und andererseits nach Grundtoleranzgraden (früher Qualität) bestimmt werden.

Die *Lage* des Toleranzfeldes zum Nennmaß (Nulllinie) wird durch das *Grundabmaß* bestimmt.

Als *oberes Abmaß* (ES, es) wird die algebraische Differenz zwischen dem Höchstmaß und dem Nennmaß, als *unteres Abmaß* (EI, ei) die zwischen dem Mindestmaß und Nennmaß verstanden.

Als *Toleranzklasse* wird die Kombination eines Grundabmaßes mit dem Toleranzgrad bezeichnet, z. B.: f7, D13 usw.

Schließlich besteht neben der Maßtolerierung noch die *Form- und Lagetolerierung* nach ISO 1101, die angewendet wird, wenn eine solche im Einzelfall notwendig erscheint.

Passungen. Sie entstehen durch die Beziehung der Toleranzfelder gepaarter Teile zueinander und stellen bei gleichem Nennmaß eine bestimmte Funktion (z. B. Gleit- und Führungsaufgaben, Reibschluss in Schrumpfverbindungen), aber auch die Austauschbarkeit sicher. Dabei wird zwischen den *Passungssystemen* Einheitsbohrung und Einheitswelle unterschieden.

Einheitswelle. Alle Außenmaße erhalten das obere Abmaß 0, also Toleranzfeldlage h (z. B. G7/h6, F8/h6, E9/h9).

ISO 286 empfiehlt eine beschränkte *Passungsauswahl* um Werkzeuge und Lehren einzusparen.

Wichtig ist dabei die Beachtung von Tolerierungsgrundsätzen: International gilt das *Unabhängigkeitsprinzip* nach ISO 8015, nach dem jede einzelne Maß-, Form- oder Lagetoleranz nur für sich allein geprüft wird, ohne Rücksicht darauf, wie die jeweils anderen Abweichungen liegen.

National gilt das *Hüllprinzip* nach DIN 7167, nach dem die Maßtoleranz das „Maximum-Material-Maß (MMS)“ für das jeweils idealisierte Formelement (Zylinder, parallele Flächen (Quader) oder Kugel) bestimmt, welches das wirkliche Formelement umhüllt und innerhalb dessen die wahren Konturen liegen müssen.

Schweißbezeichnung

Schweißverbindungen können unterschieden werden in:

- Schmelzschweißverbindungen;
- Druckschweißverbindungen.

Schmelzschweißungen zeichnet man in Ansicht mit einer einzelnen Linie (mit oder ohne Randschraffur). In der Seitenansicht oder im Querschnitt wird die schematische Schweißform fein schraffiert und voll gezeichnet.

Tab. 2.12 Schweißnahtsymbole für ausgewählte Schweißverbindungen, nach DIN EN 22553

Benennung	Nahtart	Symbol	Benennung	Nahtart	Symbol
I-Naht		‖	Kehlnaht T-Stoß		◺
V-Naht		V	Doppelkehlnaht T-Stoß		▷
V-Naht mit Gegenlage		V̲	Kehlnaht Eckstoß		◺
HV-Naht		V	Kehlnaht Überlappstoß		◺
Y-Naht		Y	Flächennaht		=
DV-Naht (X-Naht)		X	Punktnaht		○
DHV-Naht (K-Naht)		K			

Man verwendet hierfür die Symbole der Tab. 2.12 (siehe auch DIN EN 22553).

Bei der Ansicht oder bei Schnitten gibt man die Schweißgegebenheiten wie folgt an: Symbol der Schweißnahtform, Schweißdicke und die Länge der Schweißung.

Die *Druckschweißung* wird im Querschnitt der Verbindung durch einen ganzen Kreis angegeben, außer bei der Druckstumpfschweißung und bei der Funkenstumpfschweißung. In der Ansicht werden die Druckstumpfschweißung, die Funkenstumpfschweißung, die Rollenschweißung, die Walzenschweißung und die Folienschweißung mit einer einzelnen dünnen Linie angegeben. Die Punktschweißung und die Durchdrückschweißung werden in der Ansicht mit dem Zeichen + angegeben. Für die Bezeichnung der Schweißform verwendet man die Symbole der Tab. 2.13.

Tab. 2.13 Einzelne Symbole bei Druckschweißverbindungen

Schweißnahtform	Symbol	Schweißnahtform	Symbol	Schweißnahtform	Symbol
Drukstumpfschweißung	I	Punktschweißung	○	Rollenschweißung	⊖
Funkenstumpfschweißung	⫲	Durchdrückschweißung	⊙	Walzenschweißung Folienschweißun	⊖

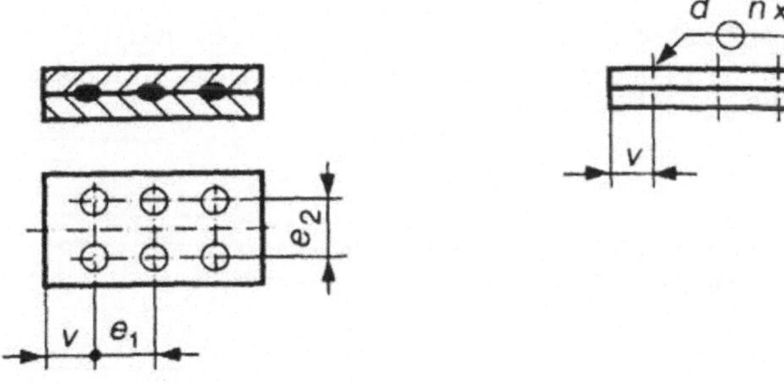

Abb. 2.2 Anordnung von Schweißpunkten

Die Gegebenheiten für das Schweißen werden bei den Schnitten und falls nötig bei der Ansicht bei der Druckschweißverbindung wie folgt angegeben: Schweißform und soweit nötig Schweißpunktdurchmesser *d*, Abstand e_1, Reihenabstand e_2 und besondere Gegebenheiten, siehe Abb. 2.2.

Muster von Bearbeitungsspuren

Die Muster müssen nur angegeben werden, wenn dies in Verbindung mit der Funktion der Oberfläche erforderlich ist. Tabelle 2.14 gibt die Symbole, die neben das Symbol für die Rauheitswerte gesetzt werden müssen.

Stücklisten

Zu jedem Zeichnungssatz gehört eine Stückliste bzw. ein Stücklistensatz, damit ein Erzeugnis vollständig beschrieben werden kann.

Mengenübersichts-Stückliste. Sie enthält für das Erzeugnis (Abb. 2.3) nur die Einzelteile mit ihren Mengenangaben.

Struktur-Stückliste. Sie gibt die Erzeugnisstruktur mit allen Baugruppen und Teilen wieder, wobei jede Gruppe sofort bis zur höchsten Stufe (Ordnung der Erzeugnisgliederung) gegliedert ist.

Baukastenstückliste. Sie umfasst zusammengehörende Gruppen und Teile, *ohne* zunächst auf ein bestimmtes Erzeugnis Bezug zu nehmen.

Sachnummernsystem

Als Sachnummernsystem werden solche Systeme bezeichnet, welche die Nummerung von Sachen und Sachverhalten umspannen.

Sachnummern müssen eine Sache *identifizieren*, sie können sie darüber hinaus auch *klassifizieren*.

Tab. 2.14 Symbole für das Muster von Bearbeitungsspuren

Symbol	Richtung Bearbeitungsspuren	Beispiel
=	Parallel zu der Linie, welche die Oberfläche vorstellt, für die das Symbol gilt	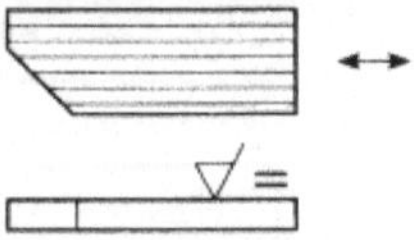
⊥	Senkrecht zu der Linie, welche die Oberfläche vorstellt, für die das Symbol gilt	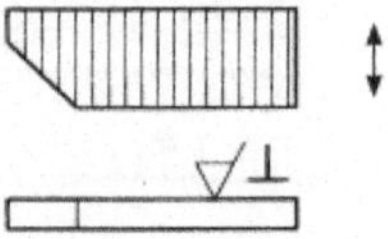
×	In zwei schräge Richtungen in der Fläche, für die das Rauheitssymbol gilt	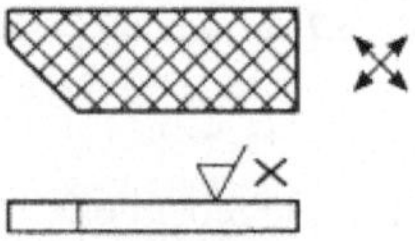
M	In verschiedene willkürliche Richtungen	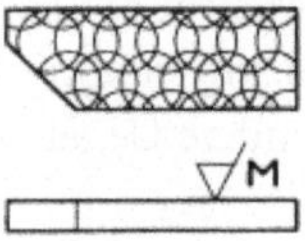
C	Ungefähr kreisförmig bezüglich des Mittelpunkts der Flache (z. B. spiralförmig)	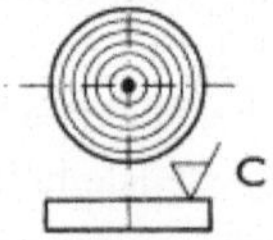
R	Annähernd radial zum Mittelpunkt der Oberfläche, zu der das System gehört	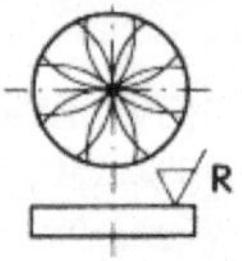

Sachnummernsysteme können aus *Parallelnummern* und *Verbundnummern* aufgebaut sein.

Unter einer *Parallelnummer* wird jede weiter Identnummer für dasselbe Nummerungsobjekt verstanden, z. B. haben ein Hersteller von Zukaufteilen und der Kunde für das gleiche Teil oft unterschiedliche Identnummern.

Unter einer *Verbundnummer* wird eine Nummer verstanden, die aus mehreren Nummernteilen besteht.

Eine *Klassifizierung* von Sachen und Sachverhalten – sei es im Rahmen einer Sachnummer, sei es mittels eines eigenständigen, von Identnummernsystemen un-

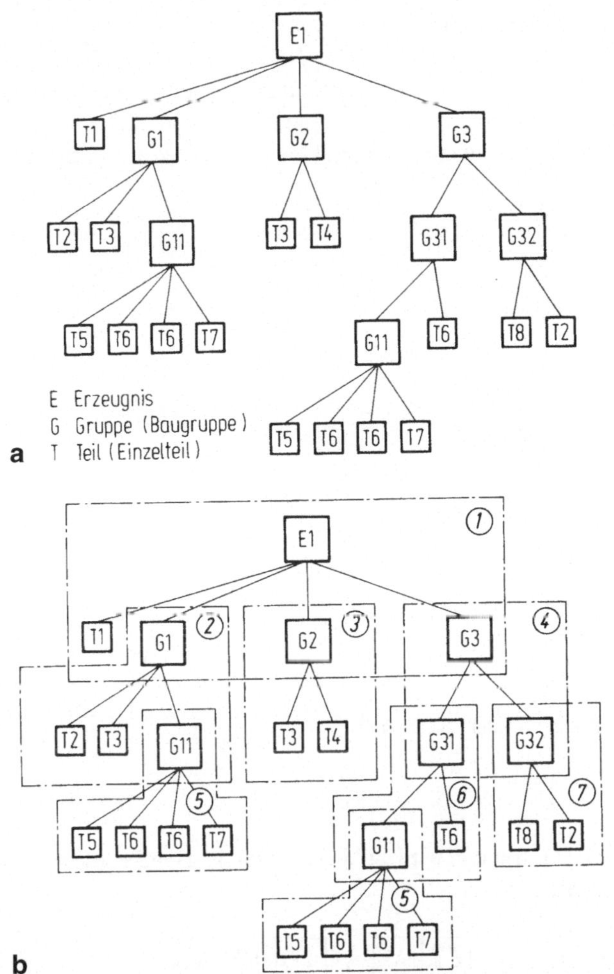

Abb. 2.3 Schema einer Erzeugnisgliederung. **a** Gliederung; **b** Baukastenstückliste

abhängigen Klassifizierungssystems – ist wichtig, damit Teile wiederholt verwendet und Sachaussagen wiedergefunden werden können.

Zur Kennzeichnung von Teilen und Gruppen, insbesondere von Normteilen, haben sich *Sachmerkmale* eingeführt, die bestimmte Eigenschaften, die sich zum Beschreiben und Unterscheiden von Gegenständen innerhalb einer Gegenstandsgruppe eignen, kennzeichnen (DIN 4000).

Form- und Lagetoleranzen

Symbole

Für die Angabe der Form- und Lagesauberkeit durch einen Toleranzwert wird von Symbolen (siehe unten) gebrauch gemacht. In den Blättern DIN ISO 1101 und DIN ISO 5459 werden die Form- und Lagetoleranzen ausführlicher behandelt.

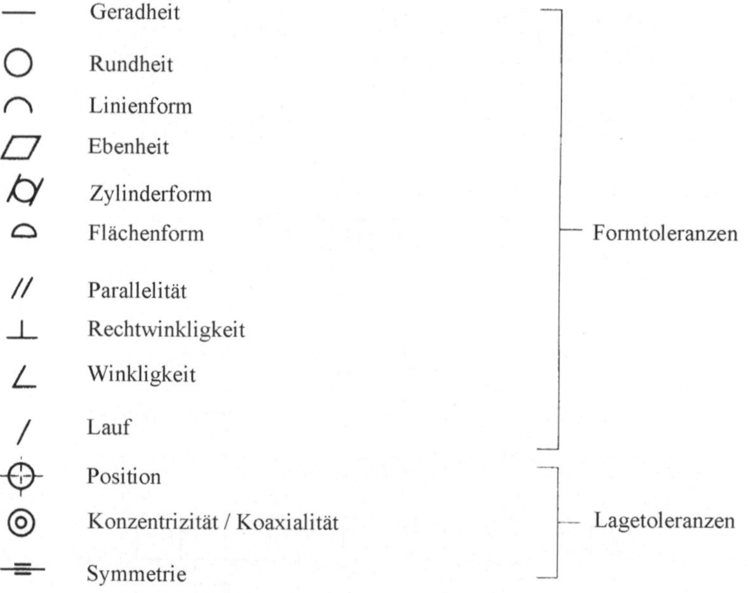

Bezeichnungen Das Symbol wird auf die Zeichnung in ein Rechteck mit zwei oder drei Feldern gesetzt.

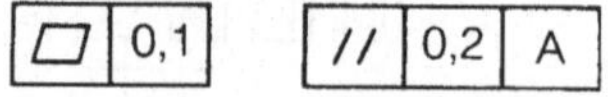

Das linke Feld ist für das Symbol bestimmt, rechts davon steht die Toleranz in mm wenn die Maße in der Zeichnung auch in mm angegeben stehen.

Das rechteste (dritte) Feld wird verwendet, um den Buchstaben der Referenzfläche anzugeben.

Mit Bezugslinien wird angegeben, worauf die Form- und Lagetoleranz anzuwenden ist.

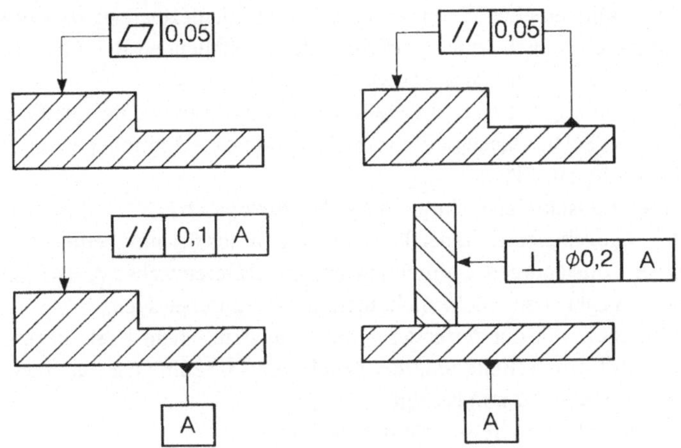

Einzelne Bezeichnungen von Form- und Lagetoleranzen

Die Linie muss innerhalb einer zylindrischen Zone mit einem Durchmesser von 0,2 mm liegen

Die Kontur dieses Produkts muss in einer Kreisschale mit einer Dicke von 0,05 mm liegen.

Die Oberfläche muss zwischen zwei parallelen Flächen mit einem gegenseitigen Abstand von 0,1 mm liegen.

Die Zylinderoberfläche muss innerhalb einer zylinderförmigen Schale mit einer Dicke von 0,05 mm liegen.

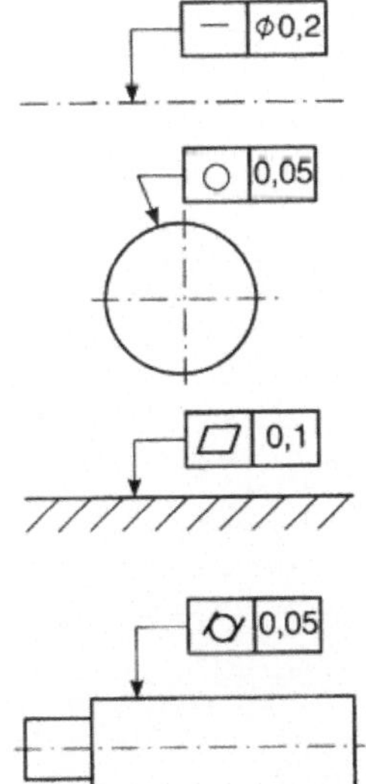

Die Rechtwinkligkeit eines Zylinders oder einer Linie bezeichnet, dass die Mittellinie innerhalb eines rechtwinklig auf der Fläche A stehenden Zylinders mit einem Durchmesser von 0,2 mm liegen muss.

Die Rechtwinkligkeit einer Fläche besagt, dass die zu erzeugende Fläche zwischen zwei parallelen Flächen mit einem Abstand von 0,2 mm liegen muss, wobei jede rechtwinklig zur Fläche A liegt.

Bei einer vollständigen Umdrehung der Bezugsachse A-B darf der radiale Schlag der angegebenen Zylinderfläche nicht mehr als 0,1 mm betragen.

Bei einer vollständigen Umdrehung um die Referenzachse A darf der axiale Schlag der angegebenen Fläche nicht mehr als 0,1 mm betragen.

Der Mittelpunkt des betreffenden Kreises muss in einem Kreis liegen, dessen Mittelpunkt mit dem Schnittpunkt der gegebenen Mittellinien zusammenfällt und dessen Durchmesser 0,2 mm beträgt.

Der Mittelpunkt des Kreises, für den die Konzentrizitätstoleranz angegeben ist, muss in einem Kreis mit einem Durchmesser von 0,01 mm liegen, dessen Mittelpunkt mit dem Mittelpunkt des Referenzkreises A zusammenfällt.

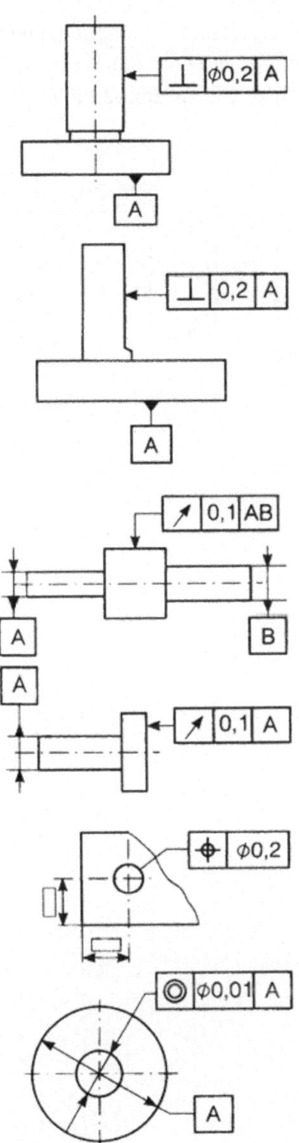
⊥ ⌀0,2 A
A
⊥ 0,2 A
A
↗ 0,1 AB
A
B
A
↗ 0,1 A
⌖ ⌀0,2
◎ ⌀0,01 A
A

Die Mittellinie des Zylinders, dessen Koaxialitätstoleranz angegeben ist, muss in einer zylindrischen Zone mit einem Durchmesser von 0,08 mm liegen, dessen Mittellinie mit der Referenzachse A-B zusammenfällt.

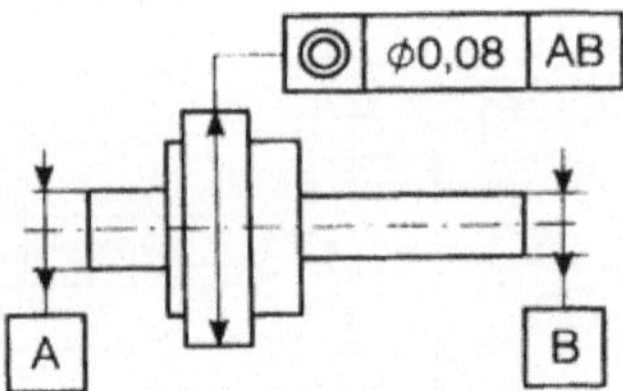

Was Sie aus diesem Essential mitnehmen können

- Normen für technische Zeichnungen
- Zeichnungsformate, Maßstäbe, Zeichnungsansichten
- Linienarten, Buchstaben, Ziffern, Schrift, Darstellungen
- Bemaßung
- Kennzeichnung von Baumaterialien, Bauelementen
- Werkzeugbauliche Zeichnungen
- Technische Oberflächen, Rauheitsbezeichnung
- Grenzmaße, Passungen
- Schweißbezeichnungen
- Muster von Bearbeitungsspuren
- Stücklisten, Sachnummernsystem
- Form- und Lagetoleranzen

B. Schröder, *Technisches Zeichnen für Ingenieure,* essentials,
DOI 10.1007/978-3-658-07061-8

Literatur

Hering E, Schröder B (2013) Springer Ingenieurtabellen. Springer, Berlin

B. Schröder, *Technisches Zeichnen für Ingenieure,* essentials,
DOI 10.1007/978-3-658-07061-8